2~5 cm

零基礎手編
迷你可愛小籃子

nikomaki *
柏谷真紀◎著

娃娃屋＆小布偶・人偶配件專用

放入袖珍麵包、蔬果、花草、
裁縫布物或盒玩小物一級棒！

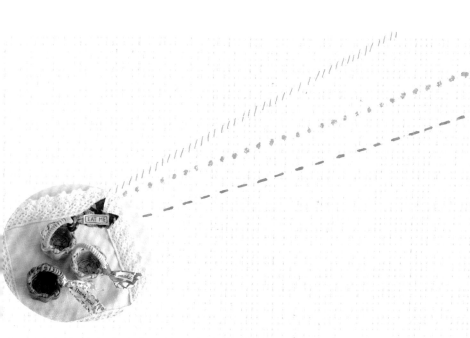

要不要試著動手製作
迷你藤編小籃子呢？

nikomaki * 老師創作的籃子，雖然外形小巧迷你，

但實體就如真正的縮小版藤編籃。

運用少量零碼布的創意巧思也相當出色。

單純擺飾時顯得無敵可愛，

作為娃娃及布偶的手袋也相當有趣。

本書全部作品皆依步驟流程以實作圖進行解說，

因此就算是初學者，也能放心地享受製作的樂趣。

首先，挑選自己喜歡的作品編織看看吧！

著者紹介
nikomaki *
（柏谷真紀）

手藝作家。時常在部落格發表以布偶為主的各式布作小物，以豐富的可愛作品吸引了眾多粉絲，作品販售亦獲得廣大好評，並進一步開始著手製作可作為布偶裝飾物的迷你藤編小籃子。
http://nikomaki123.jugem.jp/

Contents

關於材料

本書的小籃子材料，是將 12 股寬的「Hamanaka ECO CRAFT®」細分成 1 股後使用。ECO CRAFT 紙藤帶是以舊紙張環保再製造的優質手藝紙材，可以簡單地切割，是非常推薦初學者使用的一種素材。

關於尺寸

本書作品都是不超過 5 cm 大小的迷你尺寸。書中登場的兔子身高為 12 cm，也可依此作為尺寸參考喔！

●材 料

Hamanaka ECO CRAFT®紙藤帶 5 m／1卷（全30色）

ECO CRAFT 是將 12 股「細長紙捻狀紙繩」並列黏合成帶狀的手藝用紙藤帶。由於能夠縱向分割，因此可以自由地調整紙藤帶的寬度。請確認作品需要的股數與長度，依裁切圖進行裁剪。

※ECO CRAFT 依顏色不同，幅寬或有些許差異。

※此後將 ECO CRAFT 統稱為紙藤帶。

12股寬約1.5cm

●紙藤帶的分割方法

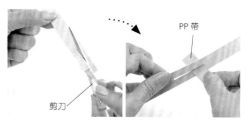

PP 帶

剪刀

先以剪刀自紙藤帶邊端剪開約 2 至 3 cm牙口，即可利用 PP 帶（打包帶）輕易地分割。

●用 具　※製作時的必備工具。

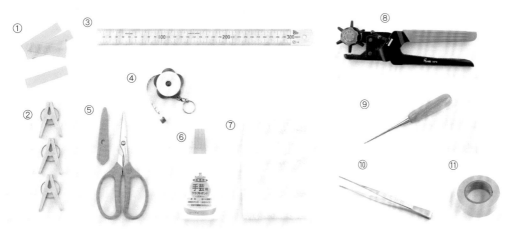

① PP帶（打包帶）
② 洗衣夾
③ 直尺（30cm）
④ 捲尺

⑤ Hamanaka手藝專用剪刀
　（H420-001）
⑥ Hamanaka手藝專用白膠
　（H464-003）

⑦ 濕毛巾
　（※擦拭沾在手上或紙藤帶上的白膠）
⑧ 打孔鉗

⑨ 錐子
⑩ 鑷子
⑪ 紙膠帶

漂亮完成作品的祕訣！

先在此熟記作出漂亮作品的小小祕訣吧！

●基底的作法

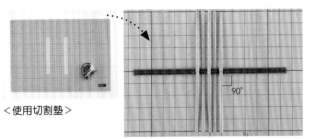

＜使用切割墊＞

想漂亮地製作底部基底，祕訣是在切割墊上黏貼雙面膠，並對齊格線整齊排列紙繩。若編織過程中想移動作業場所，也相當方便。

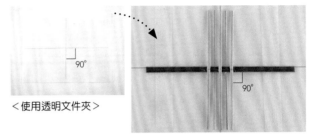

＜使用透明文件夾＞

代替切割墊，在透明文件夾（中間夾入畫有十字記號線的紙張）上黏貼雙面膠，並對齊記號線整齊地排列紙繩。

●黏錯時

若不小心黏錯，只要利用熨斗的蒸氣稍作加熱，即可簡單剝離白膠。

●鑷子

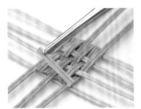

處理小部件時，以鑷子輔助即可輕鬆作業。

●直立紙繩的收編處理

以錐子將內側編目撐開縫隙後，將直立的紙繩往內側摺彎並包夾1條編繩，再將繩端插入縫隙內裡。

●完成方法

將編織完成的作品噴灑上大量水霧後，整理形狀並靜待自然乾燥即完成！

nikomaki *

指導建議！

一起來DIY
紙藤帶分割器！

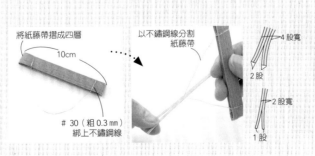

將紙藤帶摺成四層

10cm

＃30（粗0.3mm）
綁上不鏽鋼線

以不鏽鋼線分割
紙藤帶

4股寬

2股

2股寬

1股

本書作品大多是將紙藤帶分割至1股紙繩，再進行編織使用。在此分享的DIY紙藤帶分割器，是專門為了漂亮分割紙藤帶而製作的創意小工具。

分割紙藤帶時，只要逐次等分寬度＆均等施力地切割，即可漂亮地取得紙繩。

不同大小的簡單籃子

作法 ···· P.6

一大一小，
單柄的簡單款橢圓底小籃子。
如作品1般覆蓋一片布片，
簡單擺飾就很可愛。
基本款提籃的設計，
無論放入任何物品
都相當合適。

1

2

以P.4作品2為基礎，
作成雙提把樣式的變化款。
為了呈現購物籃的風貌，
建議亦可大膽使用
水藍色及綠色等明亮的顏色製作。

作法 ✦ ✦ ✦ P.10

3

5

4

購物籃

1·2 ◄ 不同大小的簡單籃子 　P.4 作品

＊材料　Hamanaka ECO CRAFT（5m／1卷）
1 粟子色（14）200cm
2 沙色　（13）100cm
＊配件　1 布片（5cm×10cm）・
　　　　#16 麻線少量（固定繩用）
＊用具　參照 P.2
＊完成尺寸　參照圖示

＊1 分割紙繩條數　（參照裁剪圖）
①緯線繩　　4 股寬　　13cm×1 條
②經線繩　　2 股寬　　10cm×4 條
③經線繩　　2 股寬　　18cm×1 條
④編織繩　　1 股寬　　200cm×2 條
⑤提把捲繩　1 股寬　　40cm×1 條

＊2 分割紙繩條數　（參照裁剪圖）
①緯線繩　　4 股寬　　11cm×1 條
②經線繩　　2 股寬　　9cm×2 條
③經線繩　　2 股寬　　15cm×1 條
④編織繩　　1 股寬　　100cm×2 條
⑤提把捲繩　1 股寬　　40cm×1 條

＊1·2 裁剪圖

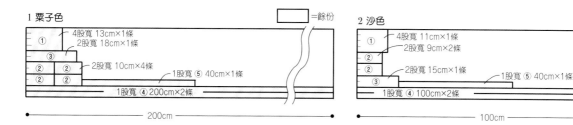

1 粟子色　　　　　　　　　　　　　　　　　　□=餘份
①　4 股寬 13cm×1 條
　　2 股寬 18cm×1 條
③
②　③　　2 股寬 10cm×4 條
②　②　　　　　　　1 股寬 ⑤ 40cm×1 條
②　②
　　　　1 股寬 ④ 200cm×2 條
●――――――――― 200cm ―――――――――●

2 沙色
①　4 股寬 11cm×1 條
②　2 股寬 9cm×2 條
②　2 股寬 15cm×1 條
③　　　　　1 股寬 ⑤ 40cm×1 條
　　1 股寬 ④ 100cm×2 條
●――――― 100cm ―――――●

＊1 作法
（為了更淺顯易懂，
在此改變紙繩配色進行解說。）

1
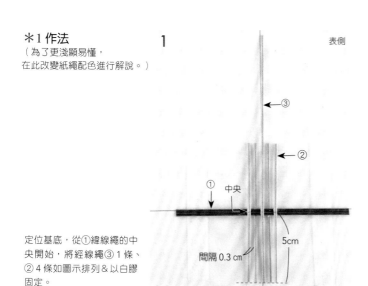

表側

←③

←②

①　中央

5cm

間隔 0.3 cm

定位基底，從①緯線繩的中
央開始，將經線繩③ 1 條、
② 4 條如圖示排列＆以白膠
固定。

2
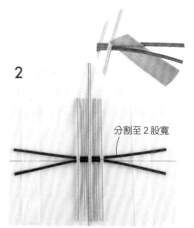

分割至 2 股寬

自①緯線繩左右兩側，將 4 股分割成 2
條 2 股的紙繩。

6

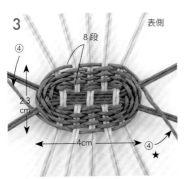

3

④

8段

表側

2.3 cm

4cm

④

★

編織底部。以 2 條④編織繩，共編織 8 段作出橢圓底（參照 P.63）後，編織繩在左右側暫時休織。

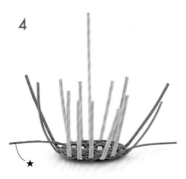

4

★

★

將 3 翻至裡側，底部周圍的紙繩往內側摺彎，再向上摺立起來。

5

★

編織側面。從 4 的★側以 3 暫時休織的編織繩編織半圈，使 2 條編織繩對齊。

6

5.8cm

18 段

以追加編織（參見 P.58）將側面稍微編得更寬一些，共編織至 18 段後，編織繩暫時休織。

7

2 圈

2.5cm

2 條編織繩改以左扭轉編（參照 P.60）編織 2 圈後，進行收編處理。

8

整理編目，除了③經線繩的長、短兩繩端之外，其餘直立的紙繩一律往內側摺彎。

9

將摺彎的紙繩端，插入2段下方的編目中，進行收編處理（參照P.3）。

10

裁剪

將 8 保留未摺彎的③經線繩之短繩端，沿編目的邊緣裁剪。

11

5cm

製作提把。於③經線繩的長繩端塗上白膠，從 10 剪斷的經線繩外側插入編目中固定。

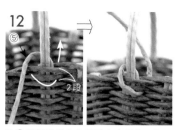

12

於⑤提把捲繩的前端塗上白膠後，往提把的相同編目中插入1cm。再往外側斜向渡繩，從2段下方的編目中穿入內側。

13　　　　　　　　表側

接著，從提把左側的編目由內往外穿出，並依箭頭方向往藍緣提把根部渡繩，完成十字裝飾結的模樣。

14　　　　　　　　表側

以⑤紙繩一圈一圈地纏繞提把。

15

纏繞至另一側提把根部時，以同樣作法編十字裝飾結。往外側斜向渡繩後，從2段下方的編目穿入內側。

16

再從內側，由經線繩右側往外穿出，與15的紙繩交錯形成十字。

17　　內側

將16繩端插入內側的編目，剪去多餘部分。

18

提把完成後，籃子本體製作完成。
尺寸／約2.5cm × 4cm × 2.3cm。

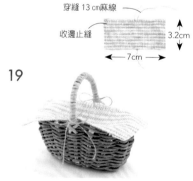

19

反摺布片的縫份0.7cm，作成7cm × 3.2cm罩布。並將罩布的固定繩綁在提把根部，作品完成。

穿縫13cm麻線
收邊止縫
3.2cm
7cm

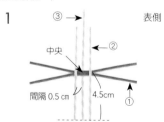

＊2 作法

（為了更淺顯易懂，在此改變紙繩配色進行解說。）

1　　　③→　　　　　　表側

中央　　　←②

間隔0.5cm　　4.5cm　　①

基底依作品1（P.6）1・2要領，將②・③經線繩以白膠如圖示固定於①緯線繩的上下，並將緯線繩左右兩側以2股平均分割。

8

2

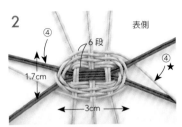

表側
⑷
6 段
1.7cm
⑷ ★
3cm

編織底部。以 2 條④編織繩，共編織 6 段作成橢圓底（參照 P.63），編織繩於左右側暫時休織。

3

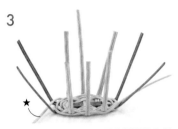

★

將 2 翻至裡側，底部周圍的紙繩往內側摺彎，再向上摺立起來。

4

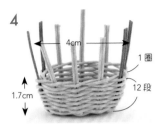

4cm
1 圈
1.7cm
12 段

側面依 1 的 5 至 7 要領，作追加編織至 12 段，再以右扭轉編（參照 P.59）編織 1 圈。

5

1.2cm

整理編目，除了③經線繩的長、短兩繩端之外，其餘直立的紙繩一律裁剪至 1.2 cm，並往內側摺彎。

6

裁剪

將摺彎的紙繩端，插入2段下方的編目中，進行收編處理（參照 P.3）。5 保留的③經線繩之短繩端，則沿編目的邊緣裁剪。

7

5cm

製作提把。於③經線繩的長繩端塗上白膠，從 6 剪斷的經線繩外側插入編目中固定。

8

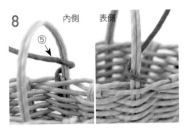

內側　表側
⑤

在⑤提把捲繩的前端塗上白膠後，從提把接繩處的編目中插入 1 cm，再一圈一圈地纏繞於提把上。

9

纏繞至另一側提把根部時，將繩端插入內側的編目並拉出固定，再裁去多餘的部分。

10

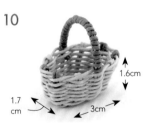

1.6cm
1.7 cm
3cm

作品完成。
尺寸／約 1.6 cm ×3 cm ×1.7 cm。

3至5 ▶◀ 購物籃　　P.5 作品

＊材料　Hamanaka ECO CRAFT（5 m／1 卷）
3 奶油色（10）90cm
4 粟子色（14）90cm
5 粉彩藍（18）90cm
＊用具　參照 P.2
＊完成尺寸　參照圖示

＊分割紙繩條數　（參照裁剪圖）

①緯線繩	4 股寬	11cm×1 條
②經線繩	2 股寬	9cm×3 條
③編織繩	1 股寬	90cm×2 條
④吊耳固定繩	1 股寬	2cm×4 條
⑤提把芯繩	2 股寬	7cm×2 條
⑥提把捲繩	1 股寬	30cm×1 條

＊3至5 裁剪圖

3 奶油色・4 粟子色・5 粉彩藍　　☐ ＝餘份

① 4股寬 11cm×1 條
② 2股寬 9cm×3 條
⑤ 2股寬 7cm×2 條
1股寬 ⑥ 30cm×1 條
1股寬 ③ 90cm×2 條
1股寬 ④ 2cm×4 條
90cm

＊作法

（為了更淺顯易懂，在此改變紙繩配色進行解說。）

1

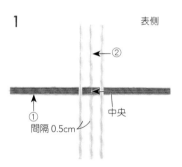

表側
②
①
中央
間隔 0.5cm

將②經線繩及①緯線繩的中央對齊，以白膠黏貼成十字。左右兩側再取間隔 0.5 cm，各黏貼 1 條②經線繩。

2

自①緯線繩左右兩側，將 4 股分割成 2 條 2 股的紙繩。

3

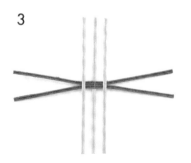

將分割的紙繩，如圖示打開。

4

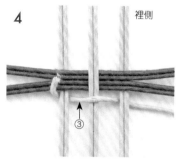

裡側
③

編織底部。將 3 的基底翻至裡側，於③編織繩的前端塗上白膠後，固定於圖示位置，與經線繩作交錯編織。

5

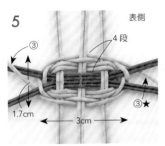

表側
4 段
③
③★
1.7cm
3cm

依橢圓底的編織方法（參照 P.63），如圖示編織 4 段後，編織繩在左右側暫時休織。

6

★

將 5 翻至裡側，底部周圍的紙繩往內側確實摺彎，再向上摺立起來。

7

★

編織側面。先以 6 的 ★ 側編織繩編織半圈，使 2 條編織繩對齊。

8

4cm
1 圈
12 段

依 P.7 的 6‧7 要領，以追加編織加寬幅度，共編織 12 段，再以右扭轉編（參照 P.59）編織 1 圈。

9

依 P.9 的 5‧6 要領，將直立的紙繩一律摺彎並插入內側編目中，進行收編處理。

10

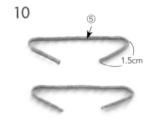

⑤
1.5cm

製作提把。將⑤提把芯繩的左右端內摺 1.5 cm。

11

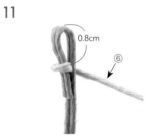

0.8cm
⑥

在 10 繩端處作 0.8 cm 的繩圈（吊耳），並以白膠黏貼固定⑥提把捲繩後，一圈一圈地纏繞芯繩。

12

0.8cm

在止捲處作收編處理。纏繞至距另一端 0.8 cm 處時，將繩端穿入捲繩之中固定，剪去多餘的部分。

13

製作 2 條提把，噴灑水霧後，調整成圖中所示的弧形。

14

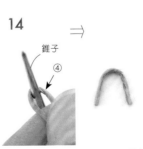

錐子
④
⇒

取 4 條④吊耳固定繩，如圖示將中央處圍住錐子，作成 U 字形備用。

15

側面中央

吊耳固定繩兩端塗上白膠，穿過提把的繩圈後，插入籃緣的編目中。

16

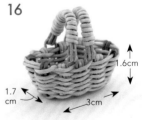

1.6cm
1.7 cm
3cm

跳過側面中央的經線繩，接上第 2 條提把。作品完成！
尺寸／約 1.6 cm ×3 cm ×1.7 cm。

在籃子側面
運用往復編，
建構出弧形的設計。
並以茶色系的顏色
營造自然感氛圍。

6

8

7

往復編的籃子

作法 ••• P.14

似乎可在短暫出門時
派上用場的馬爾歇包。
如作品 9 添加流蘇，
或同作品 10
於提把上纏繞布片等，
稍加裝飾更有趣！

10

11

3 DÉCORER

9

marché
1/2

作法　　　P.17

馬爾歇包

6至8 ⋈ 往復編的籃子　P.12作品

＊材料　Hamanaka ECO CRAFT（5m／1卷）
6 淺駝色（1）90cm
7 柿渋色（21）90cm
8 粟子色（14）90cm
＊用具　參照 P.2
＊完成尺寸　參照圖示

＊分割紙繩條數　（參照裁剪圖）

①緯線繩	4 股寬	12cm×1 條
②經線繩	2 股寬	11cm×2 條
③經線繩	2 股寬	18cm×1 條
④插入繩	2 股寬	5cm×4 條
⑤編織繩	1 股寬	90cm×2 條
⑥緣編繩	3 股寬	30cm×1 條
⑦提把捲繩	1 股寬	40cm×1 條

＊6至8 裁剪圖

6 淺駝色・7 柿渋色・8 粟子色

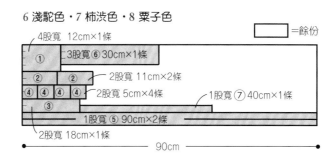

＊作法　（為了更淺顯易懂，在此改變紙繩配色進行解說。）

1

表側

定位基底。從①緯線繩的中央開始，將經線繩③1條、②2條，如圖示排列並以白膠固定。

中央
間隔 0.5 cm
5.5cm

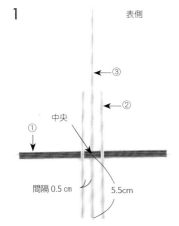

2

自①緯線繩的左右兩側，將 4 股分割成 2 條 2 股的紙繩，並如圖示打開。

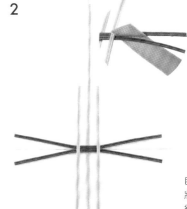

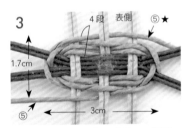

3 4段 表側 ⑤ ★

1.7cm

⑤ ← 3cm →

編織底部。以 2 條⑤編織繩，共編織 4
段作成橢圓底（參照 P.63），編織繩在左
右側暫時休織。

4 ★

將 3 翻至裡側，底部周圍的紙繩往內側
摺彎，再向上摺立起來。

5 ★

編織側面。從 4 的★側，以 3 暫時休織
的編織繩編織半圈，使 2 條編織繩對齊。

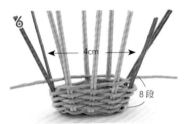

6 ← 4cm →

8段

再以追加編織稍微編織得更寬一些。編
織 4 圈（8 段）後，編織繩暫時休織。

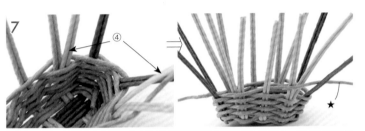

7 ④ ⇒

★

在④插入繩一端塗上白膠後，如圖示往②經線繩內側呈 V 字地插進去，使直立的紙繩
增加至 14 條。

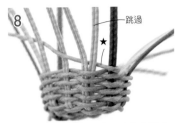

8 跳過

★

將袋口處的直立紙繩均分成前後側各 7
條，進行往復編。前側是將 7 的★編織
繩反摺後，先不計插入繩，如圖示交錯
編織 1 段。

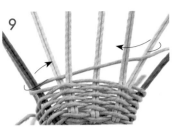

9

編織至左側邊後，再次反摺進行第 2 段
返回編織時，與圖示的共 6 條插入繩＆直
立紙繩作交錯編織。

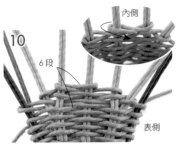

10 內側

6段

表側

自第 3 段開始，每段於左右側各減 1 條，
以往復編編織至 6 段為止，將繩端以白膠
固定於內側。

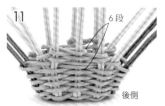

11

後側也依 8 至 10 要領，進行6段往復編。

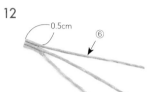

12

⑥緣編繩在一端保留 0.5 ㎝的 3 股寬，其餘分割成 1 股。

13

將⑥緣編繩的紙繩前端從插入繩開始，依序掛在每 1 條直立的紙繩上，進行右 3 股麻花編（參照 P.61）。

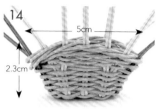

14

以右 3 股麻花編繞 2 圈，編織籃緣，再進行繩端的收編處理。

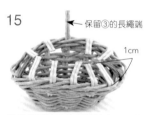

15

除了③經線繩的長繩端之外，其餘直立的紙繩皆剪至 1 ㎝，並往內側摺彎。

16

將摺彎的紙繩端，插入 2 段下方的編目中，進行收編處理（參照P.3）。再將 13 接上的⑥紙繩端，斜向進行裁剪。

17

製作提把。將保留的③經線繩端塗上白膠，從前中央外側插入編目中，形成圓弧。

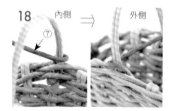

18

在⑦提把捲繩的前端塗上白膠，插入提把的相同編目中，纏繞提把 1 圈。

19

將提把捲繩繼續纏繞至另一側的提把根部後，繩端插入編目中固定，裁去多餘部分。

20

6・8 作品完成。
尺寸／約1.7㎝×3㎝×1.5㎝。

＊7 作法

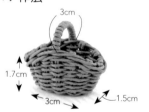

作品 7 則是變更提把長度，即完成作品。
尺寸／約 1.7㎝×3㎝×1.5㎝。

9至11 ◤ 馬爾歇包　　P.13 作品

＊**材料**　Hamanaka ECO CRAFT（5 m／1 卷）
9 淺駝色　（1）　50cm
　藏青色　（3）　100cm
10 沙色　　（13）　140cm
11 栗子色　（14）　140cm
＊**配件**
9 單圈 大（直徑0.6cm）1 個
　　　 小（直徑0.4cm）2 個
　繡線（＃25 橘色 6 股撚線×30cm）
　　　（金線 3 股撚線×30cm）
10 布條 寬 0.7cm×25cm×2 條
11 橢圓形蕾絲片（寬 3cm× 長 4cm）
＊**用具**　參照 P.2
＊**完成尺寸**　參照圖示

＊**9 分割紙繩條數**（參照裁剪圖）
①緯線繩　淺駝色　/4 股寬　12cm×1 條
②經線繩　淺駝色　/2 股寬　11cm×3 條
③編織繩　┌淺駝色　/1 股寬　50cm×2 條
　　　　　└藏青色　/2 股寬　100cm×1 條
④編織繩　藏青色　/1 股寬　30cm×1 條
⑤提把芯繩　淺駝色　/1 股寬　9cm×2 條
⑥提把捲繩　淺駝色　/1 股寬　30cm×2 條
＊**10・11 分割紙繩條數**（參照裁剪圖）
①緯線繩　4 股寬　12cm×1 條
②經線繩　2 股寬　11cm×3 條
③編織繩　1 股寬　140cm×2 條
④編織繩　1 股寬　30cm×1 條
⑤提把芯繩　1 股寬　9cm×2 條
⑥提把捲繩　1 股寬　30cm×2 條

＊ **9 至 11 裁剪圖**

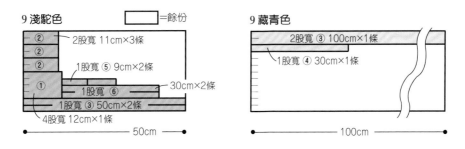

9 淺駝色　　　　□＝餘份
② 2股寬 11cm×3條
②
②
① 1股寬 ⑤ 9cm×2條
　　 1股寬 ⑥ 30cm×2條
1股寬 ③ 50cm×2條
4股寬 12cm×1條
50cm

9 藏青色
2股寬 ③ 100cm×1條
1股寬 ④ 30cm×1條
100cm

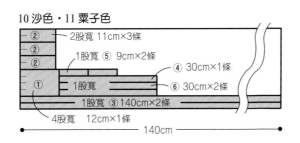

10 沙色 ・ 11 栗子色
② 2股寬 11cm×3條
②
②
1股寬 ⑤ 9cm×2條
④ 30cm×1條
① 1股寬 ⑥ 30cm×2條
1股寬 ③ 140cm×2條
4股寬　12cm×1條
140cm

*9 作法 （為了更淺顯易懂，在此改變紙繩配色進行解說。）

1
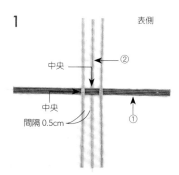
表側
中央 ──② →
中央 ──
間隔 0.5cm ①

基底是從①緯線繩的中央開始，將 3 條②經線繩的中央如圖示以白膠固定。

2
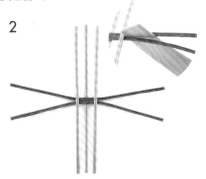

自①緯線繩左右兩側，將 4 股分割成 2 條 2 股的紙繩，再如圖示分開。

3
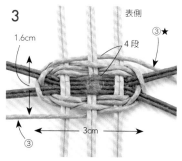
表側
1.6cm ③★
4 段
③
← 3cm →

編織底部。以 2 條③編織繩（淺駝色），共編織 4 段作成橢圓底（參照P.63），編織繩於左右側暫時休織。

4
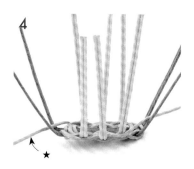
★

將 3 翻至裡側，底部周圍的紙繩往內側摺彎，再向上摺立起來。

5
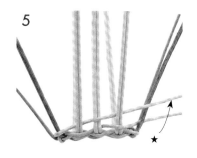
★

編織側面。以 4 的★側編織繩編織半圈，使2條編織繩對齊。

6

2 周

以左扭轉編（參照P.60）編織 2 圈後，進行繩端的收編處理。

7
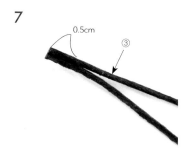
0.5cm
③

取③編織繩（藏青色）在一端保留0.5㎝的 2 股寬，其餘分割成1股。

8
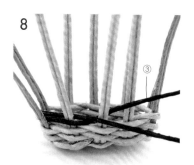
③

將③編織繩的保留端掛在直立紙繩上，進行左扭轉編。

9
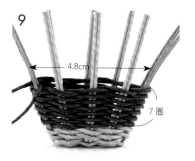
← 4.8cm →
7 圈

以左扭轉編稍微編織得更寬一些，直至編織 7 圈後，編織繩暫時休織。

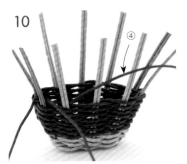

10

④

編織籃緣。將④編織繩一端以白膠固定於直立紙繩的內側,與 9 休織的 2 條紙繩共計 3 條,進行左 3 股麻花編(參照P.62)。

11

1圈

以左 3 股麻花編繞 1 圈編織籃緣後,進行繩端的收編處理。

12

1cm

將所有直立的紙繩裁剪至 1cm,並如圖示往內側摺彎。

13

提把接編位置

將往內側摺彎的紙繩,插入 2 段下方的編目中(參照P.3),進行收編處理。

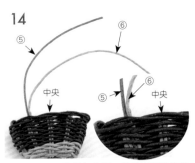

14

⑤ ⑥

中央

⑤ ⑥

中央

製作提把。在⑤提把芯繩・⑥提把捲繩的前端塗上白膠,往提把接編位置的編目中插入1cm,固定。

15

⑤

⑥

將⑥提把捲繩一圈一圈地纏繞於⑤提把芯繩上。

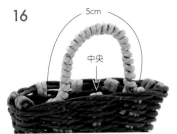

16

5cm

中央

取好提把止編的繩端位置,多保留 1 cm後剪斷,插入另一接編位置的編目中固定。

17

依14 至16 的要領,在另一側同樣接編提把。

18

2.3cm

2cm

3cm

籃子製作完成。
尺寸/約 2.3cm×3cm×2cm。

19 金線

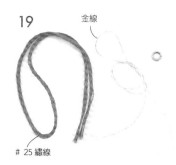

25 繡線

製作流蘇掛飾。準備1個小單圈、繡線及金線。

20 單圈

金線

0.2cm

1.5cm

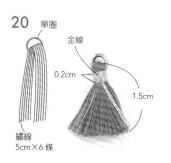

繡線
5cm×6條

將繡線裁剪成5cm×6條，對齊後穿過單圈，對摺。再以金線綁繩頭結，並鬆開金線與繡線的捻線，剪齊至1.5cm。

21

大

小

將20的單圈串接1個小單圈、1個大單圈，再裝飾在提把上。

*10 作法

0.5cm
1圈

9圈

③

作品10依1至18相同作法編織，但側面改以③編織繩，編織至9圈為止。再取布條一端保留0.5cm，其餘纏繞提把直至止纏處；打1個結固定後，布端同樣保留0.5cm，剪去多餘部分。

*11 作法

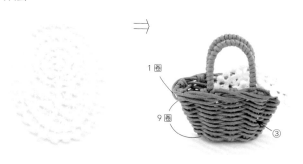

1圈

9圈

③

作品11依1至18相同作法編織，但側面改以③編織繩，編織至9圈為止。再將橢圓形蕾絲片放置於右半邊作裝飾。

大、中、小三種尺寸的籃子。
熟練基本作法後，
請務必作一組尺寸齊全的方型籃。
粟子色紙藤的光澤感，
可營造出恬靜且帶有深度的氛圍。

3 種尺寸的方型籃

12
（大）

13
（中）

14
（小）

作法 ••• P.22

12至14 ▶ 3 種尺寸的方型籃　P.21 作品

＊材料　Hamanaka ECO CRAFT（5 m／1 卷）
12（大）粟子色（14）90cm
13（中）粟子色（14）80cm
14（小）粟子色（14）80cm
＊用具　參照 P.2
＊完成尺寸　參照圖示

＊12（大）分割紙繩條數（參照裁剪圖）
①緯線繩	2 股寬	10cm×4 條
②緯線繩	2 股寬	3cm×6 條
③經線繩	2 股寬	9cm×5 條
④底邊繩	2 股寬	2.4cm×2 條
⑤編織繩	2 股寬	90cm×1 條
⑥緣編繩	2 股寬	16cm×1 條
⑦提把用繩	2 股寬	4cm×2 條

＊13（中）分割紙繩條數
①緯線繩	2 股寬	9cm×4 條
②緯線繩	2 股寬	3cm×6 條
③經線繩	2 股寬	8cm×5 條
④底邊繩	2 股寬	2.4cm×2 條
⑤編織繩	2 股寬	80cm×1 條
⑥緣編繩	2 股寬	14cm×1 條
⑦提把用繩	2 股寬	3cm×2 條

＊14（小）分割紙繩條數
①緯線繩	2 股寬	8cm×3 條
②緯線繩	2 股寬	2.4cm×4 條
③經線繩	2 股寬	8cm×4 條
④底邊繩	2 股寬	1.6cm×2 條
⑤編織繩	2 股寬	80cm×1 條
⑥緣編繩	2 股寬	10cm×1 條
⑦提把用繩	2 股寬	3cm×2 條

＊裁剪圖

12（大）粟子色　□＝餘份

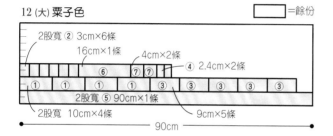

2股寬 ② 3cm×6條
16cm×1條　4cm×2條
④ 2.4cm×2條
2股寬 ⑤ 90cm×1條
2股寬 10cm×4條　9cm×5條
90cm

13（中）粟子色

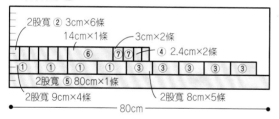

2股寬 ② 3cm×6條
14cm×1條　3cm×2條
④ 2.4cm×2條
2股寬 ⑤ 80cm×1條
2股寬 9cm×4條　2股寬 8cm×5條
80cm

14（小）粟子色

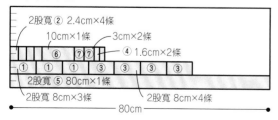

2股寬 ② 2.4cm×4條
10cm×1條　3cm×2條
④ 1.6cm×2條
2股寬 ⑤ 80cm×1條
2股寬 8cm×3條　2股寬 8cm×4條
80cm

*14 作法　（為了更淺顯易懂，在此改變紙繩配色進行解說。）

1

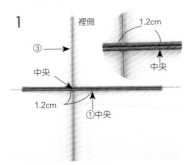

定位基底。在距離①緯線繩中央的左側1.2cm處，黏貼固定③經線繩的中央。

2

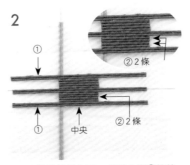

在1的①緯線繩上下，各取2條②緯線繩，將邊端對齊黏貼於③經線繩上；再於此上下，各取1條①緯線繩對齊中央，黏貼於③經線繩上。

3

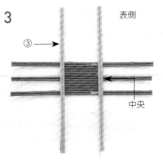

將2翻至表側，另取1條③經線繩對齊中央，疊放於②緯線繩的邊端上，以白膠黏貼。

4

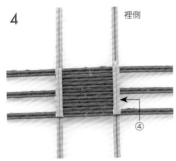

將3翻至裡側，④底邊繩上塗上白膠之後，疊放並黏貼於②經線繩的兩端。

5

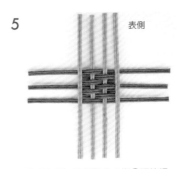

將4翻至表側，取剩餘的2條③經線繩，往基底部分交錯插入後，等間隔地進行配置，並與左右的經線繩繩端對齊。

6

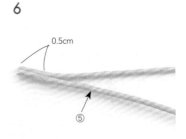

編織底部。取⑤編織繩在一端保留0.5cm的2股寬，其餘分割成1股。

7

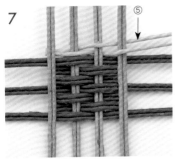

將⑤編織繩的保留端掛在第2條基底經線繩上，以追加編織（參照P.58）進行交錯編織。

8

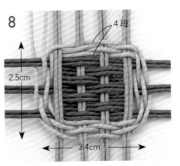

以追加編織編織2圈（4段），編織繩暫時休織。

9

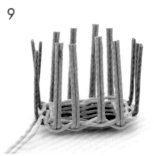

將8翻至裡側，底部周圍的紙繩往內側確實反摺，呈直角地摺立起來。

10

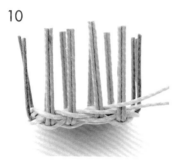

編織側面。使用8暫時休織的編織繩，以左扭轉編（參照P.60）垂直編織1圈。

11

1.5cm

4圈

繼續以左扭轉編垂直編織4圈側面後，將所有直立的紙繩修剪至1.5cm。

12

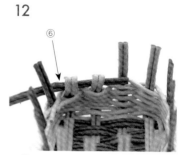

⑥

將⑥緣編繩沿著籃緣放置，以直立紙繩往內側反摺、包夾緣編繩，再如圖示將所有繩端逐一插入編目中固定。

13

對接

1圈

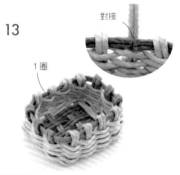

待將緣編繩織入1圈後，裁剪緣編繩；使兩端在最後1條直立紙繩的內側對接&以白膠固定，再將直立紙繩反摺固定。

14

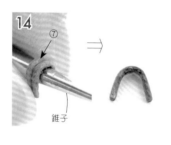

⑦

錐子

取⑦提把用繩圍住錐子，作成U字形備用。

15

⑦

將兩繩端塗上白膠後，如圖示插入緯線繩的收編編目中固定。

16

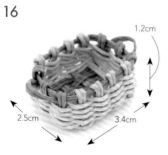

1.2cm

2.5cm   3.4cm

另一側也接上提把，作品完成。
尺寸／約1.2cm×3.4cm×2.5cm。

＊13 作法　（※為了更淺顯易懂，在此改變紙繩配色進行解說。）

1

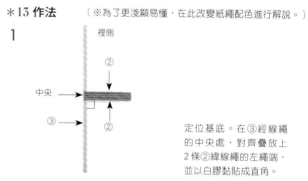

裡側

②

中央

③

②

定位基底。在③經線繩的中央處，對齊疊放上2條②緯線繩的左繩端，並以白膠黏貼成直角。

2

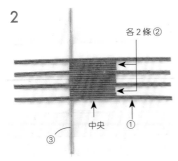

各2條②

中央

①

③

於1的上下，依序各取1條①緯線繩、2條②緯線繩、1條①緯線繩，如圖示對齊中央，疊放並黏貼於③經線繩上。

3

表側

裡側

③

中央

④

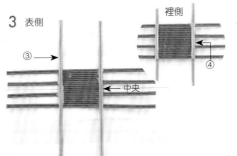

將2翻至表側，另取1條③經線繩，對齊中央疊放，並黏貼於②緯線繩的邊端上。再將④底邊繩疊放、黏貼於裡側的②緯線繩兩端。

4

表側

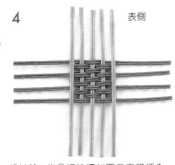

將其餘3條③經線繩如圖示交錯插入，調整至相同間距，並使繩端與左右經線繩對齊。

5

表側

4段

3.2cm

3.8cm

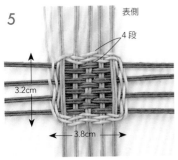

底部依作品**14**（P.23）6至8的相同要領，編織2圈（4段）。

6

3圈

0.8cm

3.2cm

3.8cm

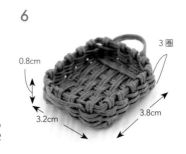

依作品**14**的9至16要領製作，但提把改為間隔2條緯線繩，插入編目中。作品完成。
尺寸／
約3.2cm×3.8cm×0.8cm。

＊12作法

1

6段

3.7cm

4.2cm

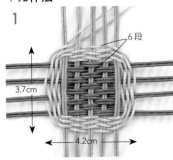

作品**12**是依作品**13**的1至4相同作法定位基底，再依作品**14**（P.23）的6至8相同要領，編織3圈（6段）底部。

2

1.2cm

4圈

3.7cm

4.2cm

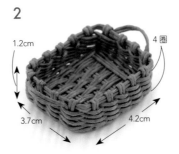

接著依作品**14**的9至16要領製作，但提把改為間隔2條緯線繩，插入編目中。作品完成。
尺寸／
約3.7cm×4.2cm×1.2cm。

單柄提把的方型籃

15

16

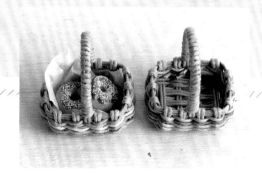

將方型籃加上單柄提把，
並增添了粉彩藍＆柿渋色的線條，
作為點綴裝飾。
因為籃身較淺，
若在內裡放入袖珍小物，
盛物的視覺感相當出色喔！

作法 • • P.28

收納籃

作法 ••• P.29

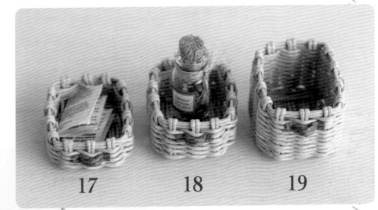

17   18   19

簡直是家中收納籃的
迷你縮小版！
底部作法相同，
編織時僅改變高度，
即可作出高低變化。
選用淺色系紙藤，
營造北歐風的氛圍如何？

15·16 ◼ 單柄提把的方型籃 P.26 作品

*材料　Hamanaka ECO CRAFT
　　　　（5 m／1 卷）
15　淺駝色（1）80cm
　　粉彩藍（18）20cm
16　淺駝色（1）80cm
　　柿澀色（21）20cm
*用具　參照 P.2
*完成尺寸　參照圖示

*裁剪圖

15·16 淺駝色

□ =餘份

2股寬 10cm×3條　　2股寬 10cm×4條　　② 2.4cm×4條
① ① ① ③ ③ ③ ③
⑦ ⑧　　　　④ 1.6cm×2條
2股寬 ⑤ 80cm×1條
1股寬 ⑨ 40cm×1條　　11cm×1條　　9cm×1條
├──────────────── 80cm ────────────────┤

*分割紙繩條數 （參照裁剪圖）

①緯線繩	15 淺駝色	16 淺駝色／2 股寬	10cm×3 條
②緯線繩	15 淺駝色	16 淺駝色／2 股寬	2.4cm×4 條
③經線繩	15 淺駝色	16 淺駝色／2 股寬	10cm×4 條
④底邊繩	15 淺駝色	16 淺駝色／2 股寬	1.6cm×2 條
⑤編織繩	15 淺駝色	16 淺駝色／2 股寬	80cm×1 條
⑥編織繩	15 粉彩藍	16 柿澀色／2 股寬	20cm×1 條
⑦緣編繩	15 淺駝色	16 淺駝色／2 股寬	11cm×1 條
⑧提把芯繩	15 淺駝色	16 淺駝色／2 股寬	9cm×1 條
⑨提把捲繩	15 淺駝色	16 淺駝色／1 股寬	40cm×1 條

15 粉彩藍
16 柿澀色

2股寬 ⑥
20cm×1條
├── 20cm ──┤

*作法

（為了更淺顯易懂，在此改變紙繩配色進行解說。）

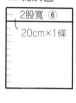
⑥
0.5cm

1

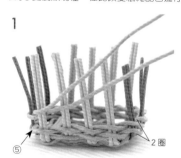
⑤　　　　2圈

基底・底部依作品14（P.23）1至9相同
作法進行，再以左扭轉編（參照P.60）編
織2圈側面。

2

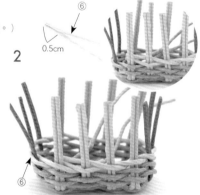
⑥

將 1 的編織繩收入內側暫時休織。⑥編
織繩在一端保留0.5 cm的2股寬，其餘分
割成1股，再掛在第2條經線繩上，以
左扭轉編編織1圈後，將剩餘的繩端進
行收編處理。

3

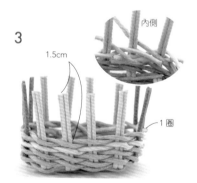
內側
1.5cm
1圈

以 2 收入內側休織的編織繩，如圖示往外
側穿出，編織1圈完成第4圈後，將繩端
進行收編處理。完成後，將所有直立的
紙線繩裁剪至 1.5 cm。

4

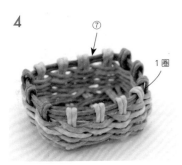

⑦

1圈

編織籃緣。取⑦緣編繩，依作品 14
（P.24）12·13 的相同要領，編織 1
段。

5

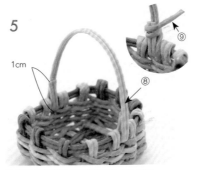

1cm

⑨

⑧

將⑧提把芯繩兩端各自往內側反摺 1 cm，
從緣編繩的下方穿過去，作出圓弧狀。
再將⑨提把捲繩的邊端以白膠固定於
提把的接繩處，一圈一圈地纏繞於提把
上。

6

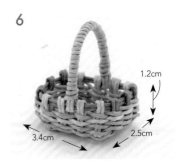

1.2cm

3.4cm

2.5cm

纏繞至另一側接繩處時，裁去多餘部
分，並於繩端塗上白膠，穿入內側的編
目中固定。作品完成。

尺寸／約 1.2cm×3.4cm×2.5cm。

17至19 ▷◁ 收納籃　P.27 作品

* **材料**　Hamanaka ECO CRAFT（5 m／1 卷）
* **17（小）**沙色（13）　80cm · 栗子色（14）10cm
* **18（中）**沙色（13）100cm · 栗子色（14）10cm
* **19（大）**沙色（13）140cm · 栗子色（14）10cm
* **用具**　參照 P.2
* **完成尺寸**　參照圖示

＊17 分割紙繩條數　（參照裁剪圖）

①緯線繩	沙色／2 股寬	10cm×3 條	
②緯線繩	沙色／2 股寬	2.4cm×4 條	
③經線繩	沙色／2 股寬	10cm×4 條	
④底邊繩	沙色／2 股寬	1.6cm×2 條	
⑤編織繩	沙色／2 股寬	80cm×1 條	
⑥緣編繩	沙色／2 股寬	11cm×1 條	
⑦把手用繩	栗子色／2 股寬	1.6cm×1 條	

＊18 分割紙繩條數

①緯線繩	沙色／2 股寬	10cm×3 條
②緯線繩	沙色／2 股寬	2.4cm×4 條
③經線繩	沙色／2 股寬	10cm×4 條
④底邊繩	沙色／2 股寬	1.6cm×2 條
⑤編織繩	沙色／2 股寬	100cm×1 條
⑥緣編繩	沙色／2 股寬	11cm×1 條
⑦把手用繩	栗子色／2 股寬	1.6cm×1 條

＊19 分割紙繩條數

①緯線繩	沙色／2 股寬	10cm×3 條
②緯線繩	沙色／2 股寬	2.4cm×4 條
③經線繩	沙色／2 股寬	10cm×4 條
④底邊繩	沙色／2 股寬	1.6cm×2 條
⑤編織繩	沙色／2 股寬	140cm×1 條
⑥緣編繩	沙色／2 股寬	11cm×1 條
⑦把手用繩	栗子色／2 股寬	1.6cm×1 條

＊裁剪圖

17 (小) 沙色

□ =餘份

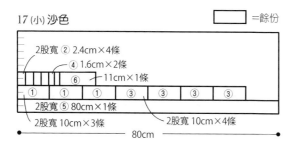

2股寬 ② 2.4cm×4條
④ 1.6cm×2條
11cm×1條
⑥
① ① ① ③ ③ ③ ③
2股寬 ⑤ 80cm×1條
2股寬 10cm×3條
2股寬 10cm×4條
80cm

18 (中) 沙色

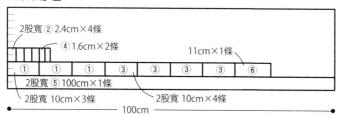

2股寬 ② 2.4cm×4條
④ 1.6cm×2條
11cm×1條
① ① ① ③ ③ ③ ③ ⑥
2股寬 ⑤ 100cm×1條
2股寬 10cm×3條
2股寬 10cm×4條
100cm

19 (大) 沙色

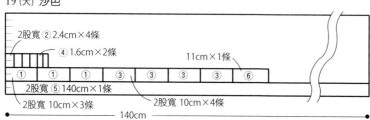

2股寬 ② 2.4cm×4條
④ 1.6cm×2條
11cm×1條
① ① ① ③ ③ ③ ③ ⑥
2股寬 ⑤ 140cm×1條
2股寬 10cm×3條
2股寬 10cm×4條
140cm

17至19 粟子色

⑦
2股寬
1.6cm×1條

10cm

＊17 作法 　（為了更淺顯易懂，在此改變紙繩配色進行解說。）

1

基底・底部・側面依作品14（P.23・P.24）
1 至 13 的相同要領製作。上圖為編織至
13 的模樣。

2

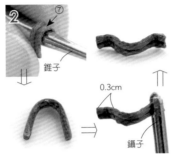

錐子

0.3cm

鑷子

以錐子&鑷子將⑦把手用繩塑出造型。

3

1.2cm

2.5cm

3.4cm

將 2 的把手兩端塗上白膠，固定於側面
的 1 圈下方，作品 17 完成。
尺寸／約2.5cm×3.4cm×1.2cm。

＊18 作法

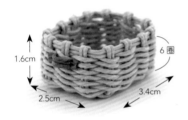

1.6cm

6 圈

2.5cm

3.4cm

作品 18 的基底・底部依作品 17
相同作法編織，但側面改為編織 6
圈，以作出深度。作品完成。
尺寸／約 2.5cm×3.4cm×1.6cm。

＊19 作法

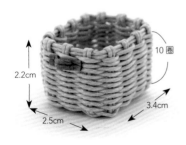

2.2cm

10 圈

2.5cm

3.4cm

作品 19 的基底・底部依作品 17 相
同作法編織，但側面改為編織 10 圈，
以作出深度。作品完成。
尺寸／約 2.5cm×3.4cm×2.2cm。

作品 17 至 19 的基本作法相同。
試著改變高度，
就能製作
自己喜好的方型藍喔♪

洗衣籃

兩側附提把的
鏤空編織圓底籃。
放入幾片收摺的零碼布……
瞧！就像真的洗衣籃一樣吧！

20   21

作法 • • • P.34

圓托盤

22

23

25

24

作法　P.38

可分類存放蔬菜、水果、
點心零食等食物的
淺底圓托盤。
由於是可疊放的設計，
就算多作幾個
也能堆疊收納。

20·21 ▶◀ 洗衣籃 P.32 作品

＊材料 Hamanaka ECO CRAFT（5 m ／ 1 卷）
20 沙色　（13）60cm
21 粟子色（14）60cm

＊用具　參照 P.2

＊完成尺寸　參照圖示

＊分割紙繩條數　（參照裁剪圖）

①十字基底繩　2 股寬　　14cm×4 條
②編織繩　　　1 股寬　　60cm×2 條
③編織繩　　　1 股寬　　30cm×1 條
④編織繩　　　2 股寬　　50cm×1 條
⑤編織繩　　　1 股寬　　30cm×1 條
⑥提把用繩　　1 股寬　　30cm×2 條

＊裁剪圖

20 沙色・21 粟子色　　　▢ ＝餘份

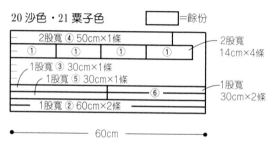

｜ 2股寬 ④ 50cm×1條 ｜
｜ ① ｜ ① ｜ ① ｜ ① ｜ ← 2股寬 14cm×4條
｜ 1股寬 ③ 30cm×1條 ｜
｜ 1股寬 ⑤ 30cm×1條 ｜
｜ ⑥ ｜ ← 1股寬 30cm×2條
｜ 1股寬 ② 60cm×2條 ｜

●————— 60cm —————●

＊作法　（為了更淺顯易懂，在此改變紙繩配色進行解說。）

1　表側

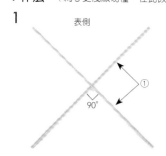

90°　①

定位基底。將 2 條①十字基底繩組合成
十字形，並以白膠固定中央重疊處。共作
2 組。

2

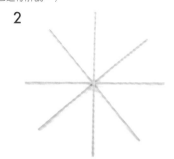

將 1 製作的 2 組對齊中央重疊，配置成
放射狀並黏貼固定。

3　表側

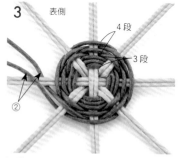

4 段
3 段
②

編織底部。使用 2 條②編織繩，依圓底
的編織方法（參照P.64），共編織 7 段。

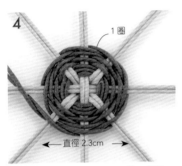

4

1圈

← 直徑 2.3cm →

以左扭轉編（參照P.60）編織 1 圈後，編織繩暫時休織。

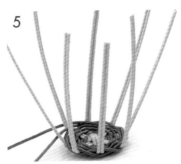

5

將 4 翻至裡側，底部周圍的紙繩往內側摺彎，再呈直角向上摺立起來。

6

內側

③

編織側面。於③編織繩的前端塗上白膠，從外側插入底部的左扭轉編編目中固定後，連同 4 休織的編織繩共計 3 條，進行左 3 股麻花編（參照P.62）。

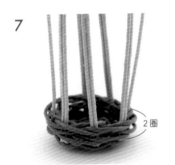

7

2圈

以左 3 股麻花編編織 2 圈後，將編織繩作收編處理。

8

將所有 2 股寬的直立紙繩分割成 1 股，並且打開呈 V 字形。

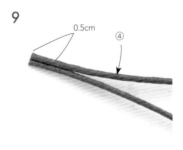

9

0.5cm

④

取④編織繩在一端保留 0.5 ㎝的 2 股寬，其餘分割成 1 股。

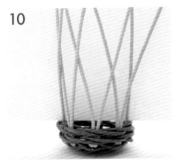

10

將直立紙繩呈 V 字形打開，並依序與相鄰的單股紙繩於左上作交叉。
※為了更清楚易懂，此示範插入白紙作為背景襯底。

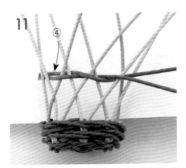

11

④

以在10 交叉點上方作第 2 個交叉的 2 條紙繩為 1 組，掛上 9 的④編織繩，進行左扭轉編。

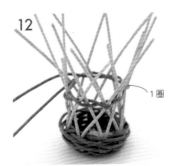

12

1圈

繼續依 11 的要領，以 2 條為 1 組編織一目，進行 1 圈左扭轉編。

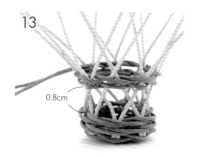

13

0.8cm

一邊稍微編織得更寬一些，一邊依第 1 圈的相同編目編織第 2 圈後，自內側輕輕噴灑水霧，調整至距離下側編目 0.8 ㎝ 處，編織繩休織。

14

將所有直立紙繩如圖所示兩兩靠攏。

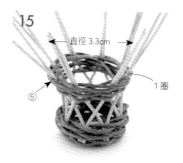

15

直徑 3.3cm

⑤　　　　　　1 圈

將 1 條⑤編織繩的繩端依 6 相同要領，固定於內側，並連同 13 休織的編織繩共計 3 條，編織 1 圈更寬一些的左 3 股麻花編。

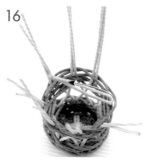

16

將直立的紙繩作收編處理。如圖所示，將 2 條靠攏的直立紙繩往內側摺彎。

17

將往內側摺彎的紙繩插入 2 段下方的編目中，再如圖示從編目下方穿出。

18

將 17 的繩端往外側拉出。

19

依 16 至 18 的要領，將全部直立紙繩的繩端穿過內側編目後，往外側拉出。

20

沿編目邊緣裁剪拉出來的繩端。

21

完成收編處理。

22

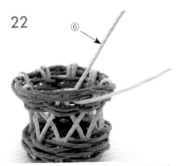

⑥

製作提把。將 1 條⑥提把用繩從左 3 股
麻花編的編目下方,往內側穿過去。

23

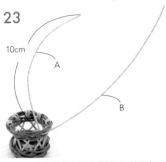

10cm

A

B

將22穿往內側的提把用繩往內側拉出10
cm,兩端分別作為 A 繩·B 繩使用。

24

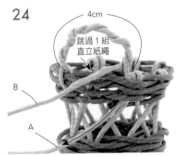

4cm

跳過 1 組
直立紙繩

B

A

將 23 的 A 繩·B 繩扭轉 4 cm 並作出圓弧,
A 繩於接繩處塗上白膠,插入直立紙繩的
相同編目中並拉出,B 繩則移至外側。

25

B

B 繩的繩端從左 3 股麻花編的下方,往
內側插入。

26

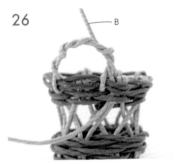

B

拉緊 B 繩,繼續沿著 24 的扭轉編目,往
回纏繞提把。

27

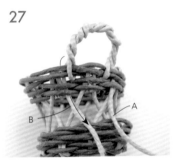

A

B

B 繩纏繞結束後,依 24 的 A 繩相同要
領,插入左側 1 組直立紙繩的相同編目
中,再將繩端往外側拉出。

28

將往外側拉出的 A 繩·B 繩沿穿出的
編目邊緣裁剪,提把完成。

29

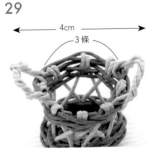

4cm

3 條

另一側也以相同作法接編提把,並使兩
側的提把往外側微翻,整理形狀。

30

3.6cm

2.3cm

直徑
2.3cm

作品完成。
尺寸/約直徑 2.3cm×2.3cm。

22至25 ▶◀ **圓托盤** P.33 作品

＊材料 Hamanaka ECO CRAFT（5 m／1 卷）
22 黃色　　（8）　90cm
23 巧克力色（15）90cm
24 沙色　　（13）90cm
25 粟子色　（14）90cm
＊用具　參照 P.2
＊完成尺寸　參照圖示

＊分割紙繩條數（參照裁剪圖）
①十字基底繩　　4 股寬　　15cm×4 條
②編織繩　　　　1 股寬　　90cm×2 條

＊裁剪圖

22 黃色・23 巧克力色・24 沙色・25 粟子色

①	①	4股寬 15cm×4條	＝餘份
①	①		
	1股寬 ② 90cm×2條		

●————————— 90cm —————————●

＊作法　（為了更淺顯易懂，在此改變紙繩配色進行解說。）

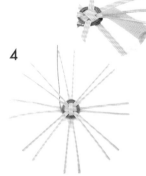

1　表側

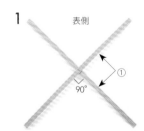

定位基底。將 2 條①十字基底繩組合成十字形，並以白膠固定中央重疊處。共作 2 組。

2

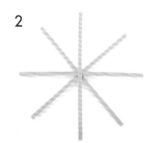

將 1 製作的 2 組對齊中央重疊，配置成放射狀並黏貼固定。

3　表側

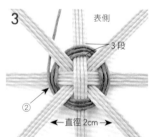

編織底部。使用 2 條②編織繩，依圓底的編織方法（參照 P.64）共編織 3 段後，編織繩暫時休織。

4

將所有 4 股寬的十字基底繩分割成 2 條 2 股寬的紙繩，並且打開呈 V 字形。

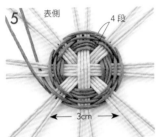

5 表側　4段　3cm

接著，使用 3 休織的編織繩及剩餘的②編織繩，以 2 條紙繩進行追加編織（參照 P.58）2 圈（4 段）後，編織繩暫時休織。

6

將 5 翻至裡側，底部周圍的紙繩往內側確實地摺彎後，再向上摺起來。

7

編織側面。以 5 休織的編織繩，與每一條直立紙繩交錯，並以右扭轉編（參照 P.59）稍微編織得更寬一些。

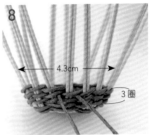

8　4.3cm　3圈

編織 3 圈後，繩端從編目往外側拉出，暫時休織。

9

將所有 2 股寬的直立紙繩都分割成 1 股。

10

如圖所示，將所有 9 分割的直立紙繩右側 1 股從根部裁斷。並將 8 休織的編織繩，也沿穿出的編目邊緣裁斷。

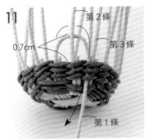

11　第2條　0.7cm　第3條　第1條

進行裝飾編。第 1 條直立紙繩，如圖示拉往第 3 條的根部作出圓弧，並穿過 3 圈份的編目往外側拉出，再將圓弧調整成 0.7 cm高。
※ 請一邊搓撚紙繩，一邊作出圓弧。

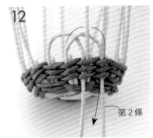

12　第2條

將第 2 條直立紙繩依 11 相同要領，插入編目中，作出等高 0.7 cm的圓弧。

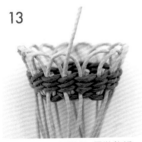

13

依 12 相同要領進行1圈裝飾編，暫留1條直立紙繩。

14

將最後1條直立紙繩從起編處的圓弧內側，插入3圈份的編目往外側拉出。

15

噴灑水霧，整理形狀。再將拉出來的繩端，沿編目的邊緣進行裁剪。

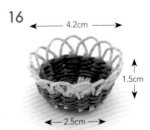

16　4.2cm　1.5cm　2.5cm

作品完成。
尺寸／
約直徑2.5cm×1.5cm×4.2cm。

繫上布標的圓底提籃

作法 • • • P.42

26　27　28

於單柄設計的簡單提籃上，
繫上布條，裝飾成布標風格。
文字是書寫於白色布片上，
再黏貼上去。
亦可配合籃中收納的內容物
改變文字。

LIBERTY 印花布
與藤籃是速配組合！
以布片包裹手藝填充棉花，
填裝於籃子內，
配置成小巧可愛的小針插吧！

29

30

31

32

小針插

作法 ● ● ● P.45

26至28 ▷◁ 繫上布標的圓底提籃　P.40 作品

＊材料　Hamanaka ECO CRAFT（5 m／1 卷）
26 沙色　（13）90cm
27 栗子色（14）90cm
28 黃色　（8）90cm

＊配件　26 至 28 布片　印花布　1cm×10cm
　　　　　　　　　　　　素色布　0.8cm×2cm

＊用具　參照 P.2
＊完成尺寸　參照圖示

＊分割紙繩條數（參照裁剪圖）
①十字基底繩　　2 股寬　10cm× 3 條
②十字基底繩　　2 股寬　15cm× 1 條
③編織繩　　　　1 股寬　90cm× 2 條
④裝飾・捲繩　　1 股寬　70cm× 1 條

＊裁剪圖

26 沙色・27 栗子色・28 黃色　　　☐＝餘份

2股寬 10cm×3條
15cm×1條
① ① ① ②
1股寬 ④70cm×1條
1股寬 ③ 90cm×2條

━━━━━━ 90cm ━━━━━━

＊作法　（為了更淺顯易懂，在此改變紙繩配色進行解說。）

1
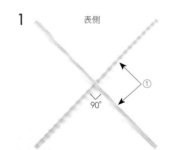
表側
①
90°

定位基底。將 2 條①十字基底繩組合成十字形，並以白膠固定中央重疊處。

2
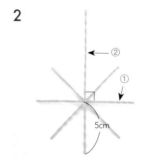
②
①
5cm

如圖示，將剩餘的 1 條①十字基底繩與 1 的中央相互對齊並水平黏貼，再將② 十字基底繩的下端 5 cm 處也同樣疊上固定。

3
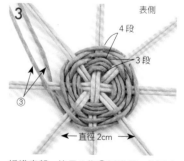
表側
4 段
3 段
③
直徑 2cm

編織底部。使用 2 條③編織繩，依圓底 的編織方法（參照 P.64）編織 7 段後， 編織繩暫時休織。

4

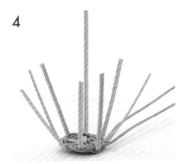

將 3 翻至裡側，底部周圍的紙繩往內側摺彎，再向上摺立起來。

5

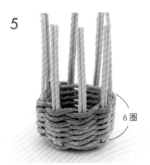

6 圈

編織側面。使用 3 休織的編織繩，以右扭轉編（參照 P.59）垂直編織 6 圈後，將繩端進行收編處理。

6

1.2cm

除了②十字基底繩的長繩端之外，將其餘直立紙繩裁剪成 1.2 cm，並往內側摺彎。

7

將摺彎的紙繩端，包捲 1 條內側編目（參照 P.3），插入固定。

8

內側　　外側

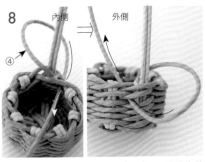

④

製作十字裝飾結＆提把。將④裝飾‧捲繩的前端插入 6 保留的直立紙繩編目中，並往直立紙繩外側斜向渡繩，再從 2 圈下方的編目往內側穿過去。

9

將 8 穿往內側的紙繩拉緊。

10

如圖所示，從 9 的左上方往直立紙繩右側斜向渡繩後，再從 2 圈下方的編目往內側穿過去。十字裝飾結完成。

11

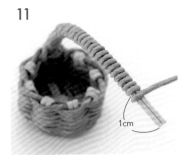

1cm

捲繩一圈一圈地纏繞於直立紙繩上，捲至剩餘 1 cm 處，捲繩暫時休織。

12

錐子

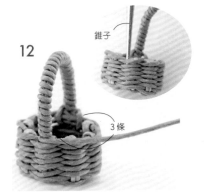

3 條

在提把對稱位置的外側編目中，以錐子撐開縫隙後，將 11 保留的 1 cm 繩端塗上白膠、插入固定。

13

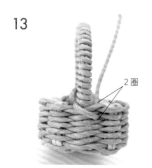

2圈

以 11 休織的捲繩，進行十字裝飾結。如圖示斜向渡繩後，從 2 圈下方的編目往內側穿過去。

14

再穿過 13 斜向渡繩的紙繩下方，拉出捲繩。

15

2圈

接著從 2 圈下方的編目往內側穿入。

16

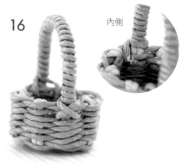

內側

拉緊穿入內側的捲繩，裁去多餘部分，再將繩端往提把的內側橫向放置，以白膠固定。提把＆十字裝飾結完成。

17

1.4cm

←── 直徑 2cm ──→

作品完成。
尺寸／約 直徑 2cm×1.4cm。

18

繫結的綁法

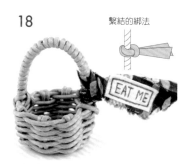

EAT ME

以中性筆於素白的布片上書寫喜愛的文字後，黏貼於布條上，繫結裝飾於提把根部。作品**28**完成。

*26

maki

作品**26**完成。

*27

Thank you!

作品**27**不作十字裝飾結，改以捲繩鬆鬆地纏繞提把，作品即完成。

29至32 ▶◀ 小針插　P.41 作品

* **材料**　Hamanaka ECO CRAFT（5m／1卷）
29 巧克力色（15）90cm
30 栗子色　（14）90cm
31 淺駝色　（1）90cm
32 沙色　　（13）90cm
* **配件**　直徑 6cm 布片
　　　　手藝填充棉花　少量
* **用具**　參照 P.2
* **完成尺寸**　參照圖示

* **分割紙繩條數**（參照裁剪圖）
①十字基底繩　2 股寬　10cm×4 條
②編織繩　　　1 股寬　90cm×2 條
③提把用繩　　1 股寬　20cm×2 條

* **裁剪圖**
29 巧克力・30 栗子色
31 淺駝色・32 沙色

▢ ＝餘份

2 股寬 10cm×4 條　　　1 股寬 20cm×2 條
① ① ① ①　　　③
1 股寬 ② 90cm×2 條
90cm

* **作法**（為了更淺顯易懂，在此改變紙繩配色進行解說。）

1

表側

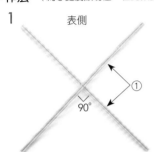

①
90°

定位基底。將 2 條①十字基底繩組合成十字形，並以白膠固定中央重疊處。共作 2 組。

2

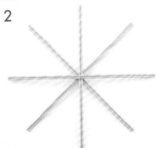

將 1 製作的 2 組對齊中央重疊，配置成放射狀並黏貼固定。

3

表側

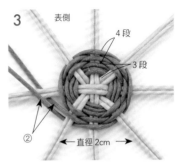

4 段
3 段
②
← 直徑 2cm →

編織底部。使用 2 條②編織繩，依圓底的編織方法（參照 P.64）編織 7 段後，編織繩暫時休織。

4

將 3 翻至裡側，底部周圍的紙繩往內側摺彎，再向上摺立起來。

5

3cm
6 周

編織側面。使用 3 休織的編織繩，以右扭轉編（參照 P.59）稍微編織得更寬一些，進行 6 圈編織後，將多餘的繩端進行收編處理。

6

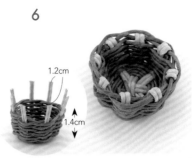

1.2cm
1.4cm

將 5 的編目整理至 1.4 cm 高，直立紙繩統一裁剪成 1.2 cm。再摺彎剪短的紙繩，包捲內側的 1 條編目（參照 P.3），插入固定。

7

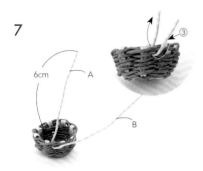

取 1 條③提把繩，從 2 圈下方的編目往內側拉出 6 cm，以兩端分別作為 A 繩・B 繩使用。

8

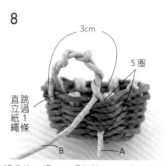

將 7 的 A 繩・B 繩扭轉 3 cm，作出圓弧，A 繩於接繩處塗上白膠，往直立紙繩相同的編目中插入約 5 圈深，往外拉出。B 繩移至外側。

9

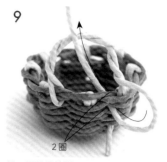

將 B 繩的繩端從 2 圈下方的編目，往內側插入。

10

拉緊 B 繩，與 8 的扭轉編目如呈十字交叉般重疊，往回斜捲纏繞上去。

11

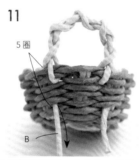

B 繩結束捲繞後，依 8 的 A 繩相同要領，將繩端如圖示從內側插入編目中約 5 圈深的位置，再往外側拉出。

12

將往外側拉出的 A 繩・B 繩，沿編目的邊緣裁剪，提把完成。再以相同作法，在另一側接編提把。

13

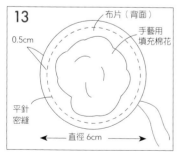

製作小針插。沿布邊內側 0.5 cm 處平針密縫後，在中央放置手藝用填充棉花，再將縫線束緊收口。

14

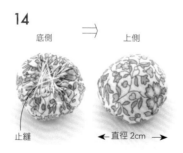

為了將形狀整理成半球狀，將底側布片如圖示拉緊止縫。

15

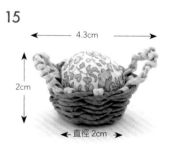

在小針插的底側塗抹白膠，固定於籃子中，作品完成。
尺寸／約 直徑 2cm×2cm×4.3cm。

小花籃

33

34

插入口較寬的筒狀小花籃。
作為裝飾單品，
放入小小花朵就好看！
由於附有提把，
掛於牆上也 OK。

作法 ••• P.48

33·34 ⋈ 小花籃 P.47 作品

＊材料　Hamanaka ECO CRAFT（5m／1卷）
33 栗子色（14）120cm
34 沙色　（13）120cm

＊用具　參照 P.2

＊完成尺寸　參照圖示

＊分割紙繩條數（參照裁剪圖）
① 十字基底繩　2 股寬　　20cm×4 條
② 編織繩　　　1 股寬　　120cm×2 條
③ 提把用繩　　1 股寬　　20cm×3 條

＊裁剪圖

33 栗子色・34 沙色					□ ＝餘份
1股寬 ② 120cm×2條					
① 2股寬 20cm×4條 ①	①	①		①	
1股寬 ③ 20cm×3條					

← 120cm →

＊作法（為了更淺顯易懂，在此改變紙繩配色進行解說。）

1
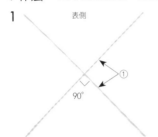
定位基底。將 2 條①十字基底繩組合成十字形，並以白膠固定中央重疊處。共作 2 組。

2
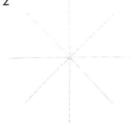
將 1 製作的 2 組對齊中央重疊，配置成放射狀並黏貼固定。

3
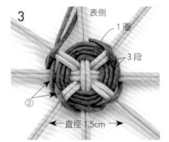
編織底部。使用 1 條②編織繩，依圓底的編織方法 1・2・4（P.64）要領，於相同編目中編織 3 段。再添加 1 條②編織繩，以左扭轉編（參照 P.60）編織 1 圈後，編織繩暫時休織。

4
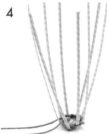
將 3 翻至裡側，底部周圍的紙繩往內側確實地摺彎，再呈直角摺立起來。

5
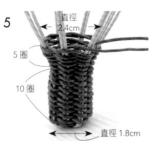
編織側面。使用 3 休織的編織繩，以左扭轉編垂直編織 10 圈。再稍微編得更寬一些，繼續編織 5 圈後，編織繩暫時休織。

6

將所有 2 股寬的直立紙繩都分割成 1 股。

7

如圖所示，將所有 6 分割的直立紙繩右側 1 股從根部裁斷。並將 5 休織的編織繩進行收編處理。

8
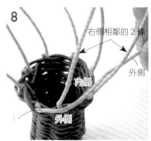
以剩下的 8 條直立紙繩進行緣編。第 1 條紙繩，往右鄰的 2 條紙繩，由外側→內側繞，繩端再往外側穿出。

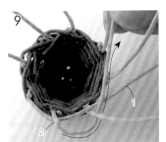

9

第 2 條則是從第 1 條的上方開始，往右側相鄰的 2 條紙繩，由外側→內側繞，繩端再往外側穿出。

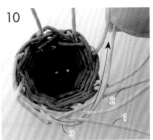

10

第 3 條則是從第 1 條繩端的下方開始，於第 2 條的上側，往右側相鄰的 2 條紙繩，由外側→內側繞，繩端再往外側穿出。

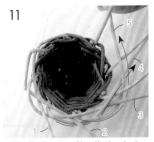

11

第 4 條（→）‧第 5 條（→）也分別依 10 的要領，依圖示箭頭方向，逐一編織。

12

外側
內側
外側

第 6 條也是穿過第 7 條外側、第 8 條內側之後，依箭頭方向往外側穿出。

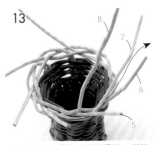

13

第 7 條則穿過第 5 條的繩端，與第 8 條之間的外側，再從第 6 條繩端的上方開始，依箭頭方向往外側穿出。

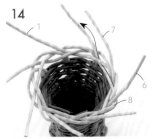

14

第 8 條穿過第 6 條繩端的外側後，插入右側相鄰的圓弧中，另外再從第 7 條的上方開始，依箭頭方向從編目之間拉出來，織入1圈。

15

第 1 條

進行繩端的收編處理。第 1 條繩端從右鄰圓弧處的外側往內側插進去。

16

將 15 插入的繩端往內側拉出來。

17

依15‧16 的要領，將繩端往內側插入後，依箭頭方向拉緊繩端，整理編目。

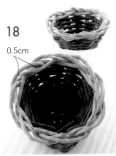

18

0.5cm

在 17 的繩端噴灑水霧，使其滲入紙繩中後，保留0.5cm進行裁剪，完成收編處理。

19

③3 條
3 圈

接編提把。將 3 條③提把用繩對齊，在紙繩前端 1cm處塗上白膠，並從圖示位置插入編目中固定。

20

插入
8cm
塗膠處
1cm

將 19 的 3 條紙繩往右扭轉至 8 cm 左右，並於 1 cm 的塗膠處塗上白膠，剪掉多餘部分，插入對側的編目中。

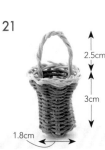

21

2.5cm
3cm
1.8cm

作品完成。
尺寸／
約1.8cm×3cm×2.5cm。

神之眼編結籃

作法 ••• ▶ P.52

35

36

37

提把接繩處的神之眼編結
是這個提籃的設計特色。
整體帶有圓潤感，
圓滾滾的輪廓
看起來相當可愛。

50

編織 2 個方型籃，
使其相對連接成一體的手提箱。
能夠如實物般對半打開的作法
正是其魅力所在。

旅行手提箱

38

39

作法 P.56

35至37 ▷◁ 神之眼編結籃 P.50 作品

35 粟子色　　　　　　　　　　　　　□＝餘份

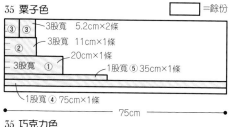

- ③ ③　3股寬　5.2cm×2條
- ②　3股寬　11cm×1條
- 20cm×1條
- 3股寬 ①
- 1股寬⑤35cm×1條
- 1股寬④75cm×1條
- 75cm

35 巧克力色

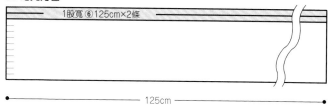

- 1股寬⑥125cm×2條
- 125cm

36 沙色・37 苔蘚綠

- ③ ③　3股寬　5.2cm×2條
- ②　3股寬　11cm×1條
- 20cm×1條
- 3股寬 ①
- 1股寬⑤35cm×1條
- 1股寬④75cm×1條
- 1股寬⑥125cm×2條
- 125cm

＊**材料**　Hamanaka ECO CRAFT（5 m／1 卷）
35 粟子色（14）75cm・巧克力色（15）125cm
36 沙色　（13）125cm
37 苔蘚綠（12）125cm

＊**用具**　參照 P.2

＊**完成尺寸**　參照圖示

＊**35 分割紙繩條數**（參照裁剪圖）

① 緯線繩	粟子色 ／3 股寬	20cm×1 條
② 經線繩	粟子色 ／3 股寬	11cm×1 條
③ 插入繩	粟子色 ／3 股寬	5.2cm×2 條
④ 裝飾・提把用繩	粟子色 ／1 股寬	75cm×1 條
⑤ 裝飾用繩	粟子色 ／1 股寬	35cm×1 條
⑥ 編織繩	巧克力色／1 股寬	125cm×2 條

＊**36・37 分割紙繩條數**（參照裁剪圖）

① 緯線繩	3 股寬	20cm×1 條
② 經線繩	3 股寬	11cm×1 條
③ 插入繩	3 股寬	5.2cm×2 條
④ 裝飾・提把用繩	1 股寬	75cm×1 條
⑤ 裝飾用繩	1 股寬	35cm×1 條
⑥ 編織繩	1 股寬	125cm×2 條

＊**作法**

（為了更淺顯易懂，在此改變紙繩配色進行解說。）

製作骨架。在②經線繩端 0.5 cm 處塗膠，黏接成環狀；①緯線繩則是繞成雙層環，使繩端在內外側對接，並以白膠黏貼固定。

1

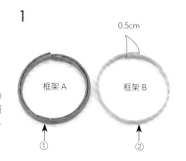

0.5cm

框架 A　　框架 B

①　　②

2

▲ B
A

框架 A・B，取等間隔的位置，交錯地在繩端位置鑲嵌組合，並以白膠黏貼固定。

3

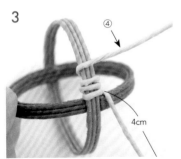

將④裝飾‧提把用繩的紙繩前端預留4cm後，於內側塗上白膠固定，在框架提把上一圈一圈地纏繞固定。

4

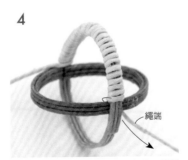

無間隙地密集纏繞上半圓的提把後，繩端從內側往下方穿出。

5

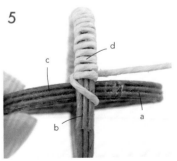

進行神之眼編結。4收編處的紙繩，往框架b的外側斜向疊放，再繼續從提把d內側往a上方穿出。

6

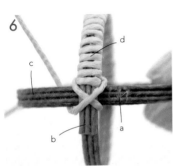

使其於b上方交叉後，從c內側往d左側穿出。

7

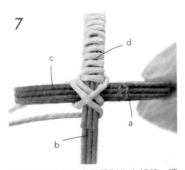

繼續像是在6十字周圍製作方格般，逐一纏繞。從c渡繩至b，並從b內側往左側拉繩。

8

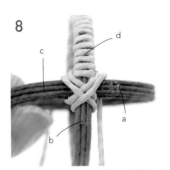

繼續從b渡繩至a，並從a內側往下方拉繩。

9

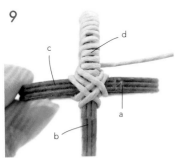

再從a渡繩至c，並從d內側往a上方拉繩。

10

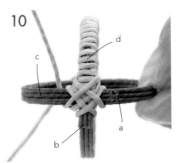

繼續從d渡繩至c後，從c內側往c上方拉繩。此為1次方格編結的模樣。

11

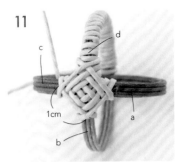

將7至10重複進行2次後，作出捲繞3圈的神之眼編結，使單邊約為1cm。

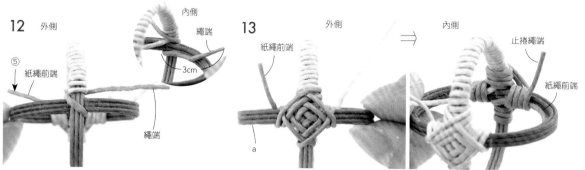

12 外側
⑤
紙繩前端
繩端
內側
繩端
3cm

在另一側的提把接繩處，將⑤裝飾用繩的紙繩前端預留 3 cm，以白膠固定於內側，並依 5 相同作法斜向渡繩。

13 外側
紙繩前端
a
⇒ 內側
止捲繩端
紙繩前端

繼續依 6 至 11 的要領進行神之眼編結，並將起編處的紙繩前端一起纏入框架內側，止捲處的紙繩前端也固定於內側。剩下的紙繩前端及止捲繩端不需剪斷，留待之後編織側面時，沿框架內側纏繞進去，就能不露出、美觀地完成收編處理。

14
③

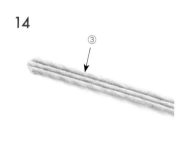

2 條③插入繩的兩端如圖示裁剪成山形。

15
③
③

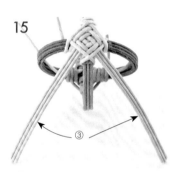

於③紙繩的前端塗上白膠後，朝神之眼編結的中央，插入編目中固定。

16
1
2
3
4
5
③

③插入繩的末端也朝另一側神之眼編結的中央插入，5 條框架完成。

17
⑥
1
4cm
3
4
5
紙繩前端

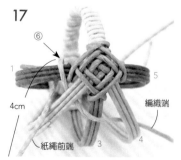

從 1 內側開始，將⑥編織繩的紙繩前端拉往外側預留 4 cm，編織端則如圖示，依 1 至 4 的順序交錯編織。

18
編織端
1
2
3
4
5
紙繩前端

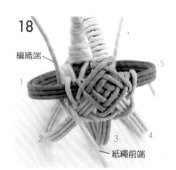

繼續從外側纏繞於 5 上後，反摺。再依 4 至 1 順序交錯地返回編織，並將起編處的紙繩前端置於上側，完成第 2 段。

19
休織
20 段

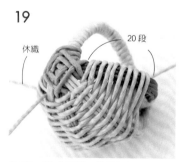

依 17・18 的要領，沿著框架以往復編共編織 20 段後，編織繩暫時休織。
※裝飾用繩的紙繩前端・止捲繩端也一起纏繞進去。

20

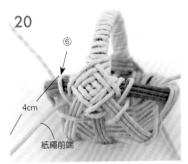

⑥

4cm

紙繩前端

使用另 1 條⑥編織繩，依 17 至 19 的要領，繼續編織相反側。

21

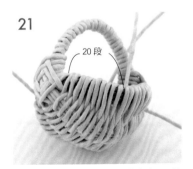

20 段

待編織至 20 段時，在內側中央與 19 的休織繩端對齊。

22

在中央處對齊

內側

使兩繩端在內側重疊 2 ㎝後剪斷，對齊並以白膠固定，再剪去多餘部分。

23

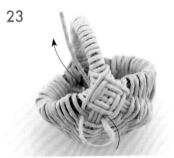

起編處的紙繩前端，如圖示從插入繩的接繩處穿入內側。

24

外側

紙繩前端

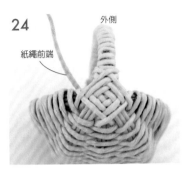

將紙繩前端往內側拉緊。

25

內側

紙繩前端

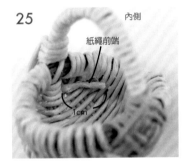

1cm

將穿入內側的紙繩前端裁剪至 1 ㎝。

26

噴灑水霧後，將開口壓扁成橢圓形，整理形狀。

27

4cm

2cm

2.5cm

作品完成。
尺寸／約 2cm×4cm×2.5cm。

38·39 ▷◁ 旅行手提箱 P.51 作品

*材料　Hamanaka ECO CRAFT（5ｍ／1卷）

38 黃色　　　（ 8 ）100cm
　　巧克力色（15） 10cm
39 粟子色　　（14）100cm

*裁剪圖

38 黃色・39 粟子色

※38＝ 不裁剪此色 ⑪・⑫。

14cm×4條　　　　　⑨ 20cm×1條　　⑩ 1cm×2條　　3.8cm×1條　□□ ＝餘份
1股寬 ⑦ 14cm×2條
⑥ 3股寬 ⑥　　⑥　　⑥　　⑪　　④ 2.4cm×4條　　3.4cm×1條
① ① ① ① ① ① ① ①　⑧　① ⑫ 1.3cm ×1條
③ ③ ③ ③ ③ ③ ③ ③ ③ ③
2股寬 ⑤ 80cm×2條
⑤
2股寬 10cm×8條　　2股寬 10cm×10條　　3cm×12條　　②

100cm

38 巧克力色

⑪ 3股寬
3.8cm×1條

⑫ 2股寬
1.3cm×1條

●──10cm──●
※39＝ 不裁剪此色 ⑪・⑫。

*配件　38・39 布片

12cm×12cm（裁剪成斜布條使用）
38 提把用　寬 0.5cm×15cm
　　緞帶　　寬 0.5cm×8cm
39 緞帶　　寬 0.5cm×8cm

*用具　參照 P.2
*完成尺寸　參照圖示
*分割紙繩條數（參照裁剪圖）

①緯線繩（本體・蓋子）	38 黃色	39 粟子色／2 股寬	10cm×8 條
②緯線繩（本體・蓋子）	38 黃色	39 粟子色／2 股寬	3cm×12 條
③經線繩（本體・蓋子）	38 黃色	39 粟子色／2 股寬	10cm×10 條
④底邊繩（本體・蓋子）	38 黃色	39 粟子色／2 股寬	2.4cm×4 條
⑤編織繩（本體・蓋子）	38 黃色	39 粟子色／2 股寬	80cm×2 條
⑥內・外緣編繩（本體・蓋子）	38 黃色	39 粟子色／3 股寬	14cm×4 條
⑦緣邊加強繩（本體・蓋子）	38 黃色	39 粟子色／1 股寬	14cm×2 條
⑧提把芯繩	38 黃色	39 粟子色／2 股寬	3.4cm×1 條
⑨提把捲繩	38 黃色	39 粟子色／1 股寬	20cm×1 條
⑩連接繩	38 黃色	39 粟子色／3 股寬	1cm×2 條
⑪釦帶繩	38 巧克力色	39 粟子色／3 股寬	3.8cm×1 條
⑫釦帶穿通繩	38 巧克力色	39 粟子色／2 股寬	1.3cm×1 條

*38 作法　（為了更淺顯易懂，在此改變紙繩配色進行解說。）

※本體與蓋子為同樣的方型籃。

1

0.5cm
表側
⑤
⑤
3段

依作品 13（P.24・P.25）1 至 4 相同要領定位基底，底部則是依作品 14（P.23）6 至 8 要領，編織 1 圈半（3 段）的追加編織後，編織繩暫時休織。

2

將 1 翻至裡側，底部周圍的紙繩往內側確實地反摺後，再呈直角摺立起來。

3

3圈

編織側面。使用 1 暫時休織的編織繩，以左扭轉編（參照 P.60）編織 3 圈，並將編織繩進行收編處理。

4

0.2cm

將所有直立紙繩保留 0.2 cm，進行裁剪。

5

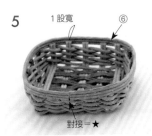

1股寬 ⑥
對接=★

進行籃緣的收邊處理。將⑥外緣編繩塗上白膠後，從側面中央（★）開始黏貼1圈，使兩繩端對接地進行裁剪。

6

★ ⑦

將⑦緣邊加強繩塗上白膠，使兩繩端對齊5★位置的左右各1條直立紙繩處，沿著內側黏貼1圈，剪去多餘部分，形成一個溝槽。

7

0.3cm ⑥
對接

內緣編繩則從6已黏貼的⑦繩端處，錯開0.3cm黏貼1圈，使兩端對接地進行裁剪。共作2個相同的方型籃，作為本體與蓋子。

8

0.4cm ⑩

蓋子方型籃要另取2條⑩連接繩塗上白膠，插入6形成的溝槽、在兩直立紙繩之間固定，再裁剪至0.4cm。

9

蓋子
本體

在8的連接繩上塗白膠，插入本體的溝槽中，使本體與蓋子對齊。

10

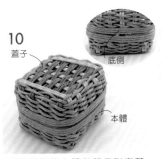

蓋子
底側
本體

將手提箱的本體與蓋子對齊蓋合。

11

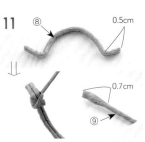

⑧ 0.5cm
⇩
⑨ 0.7cm

⑧提把芯繩如圖示摺彎。⑨提把捲繩的前端則是鬆開搓撚狀，使其變平之後，先固定於提把芯繩的背面側，再纏繞固定。

12

⑧
⇩
纏繞布條

提把捲繩纏繞至止捲處，剪去多餘部分後固定。再將布條塗上白膠，纏繞於提把捲繩之上，提把完成。

13

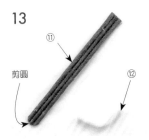

⑪
剪圓
⑫

製作釦帶穿通處。將⑪釦帶用繩的前端剪成圓弧狀，⑫釦帶穿通繩則從中央開始平緩地摺彎備用。

14

提把（本體側）
釦帶穿通處（蓋子側）
釦帶用繩

以白膠固定提把兩端，釦帶穿通處的兩端則插入編目中固定。釦帶用繩如圖示依手提箱形狀摺彎並插入釦帶穿通處，將繩端黏貼於提把之間。

15

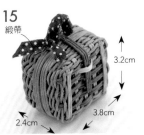

緞帶
3.2cm
3.8cm
2.4cm

緞帶（0.5cm×8cm）在提把根部打個單結，作品完成。
尺寸／約3.2cm×3.8cm×2.4cm。

＊作品39

作品39依作品38相同作法編織，但提把不纏繞布條，而是繫上緞帶作成飾穗（綁法參照P.44）。尺寸皆與作品38相同。

編織方法

在此介紹本書作品使用的編織方法。

基礎的編織方法

追加編織　→ P.58

右扭轉編　→ P.59

左扭轉編　→ P.60

右3股麻花編　→ P.61

左3股麻花編　→ P.62

底部的編織方法

橢圓底　→ P.63

圓底　→ P.64

熟記編織方法後，
盡情享受藤編小小籃子的
樂趣吧！

● 追加編織

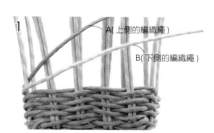

1　A(上側的編織繩)
B(下側的編織繩)

2條編織繩A‧B，每次錯開1條直立紙繩
地進行編織，再往外側穿出。

2　休織

1上側的A繩休織，以下側的1條B繩，與
直立紙繩交錯地往前編織。

3　A
B
休織

改為下側的B繩休織，以2休織的1條A
繩，與直立紙繩交錯地繼續往前編織。此
為追加編織。

●右扭轉編

2 條編織繩 A・B，每次錯開 1 條直立紙繩地進行編織，再往外側穿出。

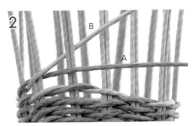

下側的 B 繩拉往 A 繩上方，掛在右鄰的 1 條直立紙繩上，紙繩前端往外側穿出。

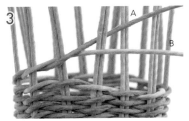

改將下側的 A 繩拉往 B 繩上方，掛在右鄰的 1 條直立紙繩上，紙繩前端往外側穿出。

重複 2・3，將 A・B 繩交替掛在右鄰的 1 條直立紙繩上，紙繩前端往外側穿出。

編織必要的段數。

完成必要段數後，將 A・B 繩的紙繩前端，穿入內側。

繩端的收編處理，是將 6 的 A 繩（上側的紙繩）拉往 B 繩下方，穿入編目中，再往外側拉出；B 繩也同樣穿入編目中，往外側拉出。

往 7 內側輕輕噴灑水霧後，收緊編織繩，沿編目邊緣剪去多餘的繩端，完成右扭轉編。

●左扭轉編

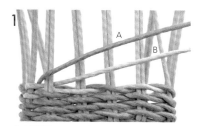

1

2條編織繩 A・B，每次錯開1條直立紙繩地進行編織，再往外側穿出。

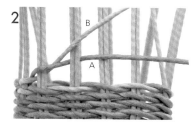

2

上側的 A 繩拉往 B 繩下方，掛在右鄰的1條直立紙繩上，紙繩前端往外側穿出。

3

改將 B 繩拉往 A 繩下方，掛在右鄰的1條直立紙繩上，紙繩前端往外側穿出。

4

重複 2・3，將 A・B 繩交替掛在右鄰的1條直立紙繩上，紙繩前端往外側穿出。

5

編織必要的段數後，將 B 繩的前端從 A 繩下方穿入內側。

6

繩端的收編處理，是將 5 的 A 繩（上側的紙繩）依前箭頭方向，從編目穿入內側，並將編織繩拉緊。

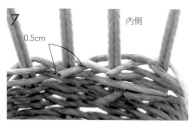

7

在內側輕輕噴灑水霧，A・B 繩端保留 0.5 ㎝，剪去多餘部分。

8

完成左扭轉編。

●右 3 股麻花編

3 條編織繩 A・B・C，每次錯開 1 條直立紙繩地進行編織，再往外側穿出。

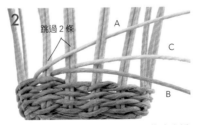

A 繩拉往 B・C 繩的上方，跳過 2 條直立紙繩後，掛在第 3 條直立紙繩上。

B 繩依 2 的A繩相同要領，拉往 A・C 繩上方，跳過 2 條直立紙繩後，如圖示掛在直立紙繩上。

C 繩也依 A・B 繩的相同要領，拉往 A・B 繩上方，跳過 2 條直立紙繩後，如圖示掛在直立紙繩上。

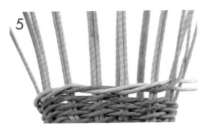

重複 2 至 4，繼續往前編織。

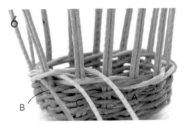

以右 3 股麻花編編織 1 圈。

繩端的收編處理，是將 6 的 B 繩跳過 2 條直立紙繩，掛在第 3 條上；再從內側穿過編目，往外側拉出。

在內側輕輕噴灑水霧後，整理編目，再將 A 至 C 繩的多餘繩端沿編目邊緣進行裁剪。完成右 3 股麻花編。

●左 3 股麻花編

3 條編織繩 A‧B‧C，每次錯開 1 條直立紙繩地進行編織，再往外側穿出。

A 繩拉往 B‧C 繩下方，跳過 2 條直立紙繩後，掛在第 3 條直立紙繩上。

B 繩依 2 的 A 繩相同要領，拉往 A‧C 繩下方，跳過 2 條直立紙繩後，如圖示掛在直立紙繩上。

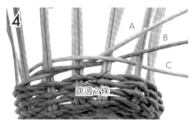

C 繩亦依 A‧B 繩的相同要領，拉往 A‧B 繩下方，跳過 2 條直立紙繩後，如圖示掛在直立紙繩上。

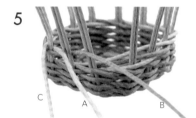

重複 2 至 4，編織 1 圈。

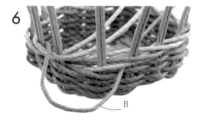

收編時，將 5 的 C‧A 繩端依繼續往前編織的要領，跳過 2 條直立紙繩後，往內側穿入。再將 5 的 B 繩跳過 2 條直立紙繩，穿過編目，往內側拉緊。

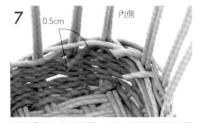

進行繩端的收編處理。在內側輕輕噴灑水霧後，整理編目，A‧B‧C 繩端保留 0.5 cm，剪去多餘部分。

完成左 3 股麻花編。

底部的編織方法

在此介紹本書作品使用的橢圓底・圓底的編織方法。

●橢圓底的編織方法

1

將基底翻至裡側，在第 1 條編織繩的前端塗上白膠後，固定於緯線繩的接繩處，與經線繩交錯編織。

2

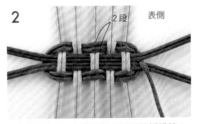

將 1 翻至表側，如圖示依同編目編織第 1、2 段，編織繩再拉往緯線繩分割處，從 1 條 2 股寬的緯線繩上方穿出。

3

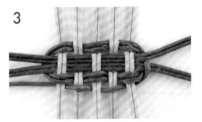

進行第 3 段，與前段交錯編織半圈。

4

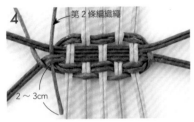

第 2 條編織繩的前端，從緯線繩之間穿往裡側面；並避免繩端往外鬆開脫落，以第 1 條編織繩如圖示編繞作固定。

5

將 2 條編織繩以追加編織（參照 P.58）繼續往前編織。

6

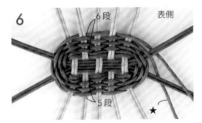

以追加編織繼續往前編織 2 圈半。

7

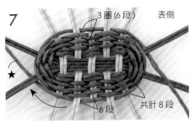

最終段時要使上下半圈的段數一致，因此以內側的紙繩（★）編織半圈後，編織繩在左右兩側休織。

8

將 7 翻至裡側，拉緊 4 添加的第 2 條編織繩繩端，保留 0.5 cm，剪去多餘部分。

●圓底的編織方法

1

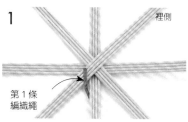

裡側

第 1 條
編織繩

將基底翻至裡側，在第 1 條編織繩的前端塗
上白膠後，固定於斜線紙繩的交接處。

2

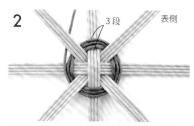

3 段　　　表側

將 1 翻至表側，如圖示依相同編目編織第 1
段至第 3 段後，編織繩暫時休織。

3

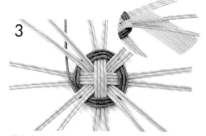

將十字基底繩分割成 2 股寬，並展開成 V 字
形。

4

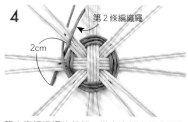

第 2 條編織繩

2cm

第 2 條編織繩的前端，從十字基底繩之間往
裡側面穿出；並避免繩端往外鬆開脫落，以
第 1 條編織繩壓住固定。

5

以 2 條編織繩，與 3 分割的每 2 條紙繩交
錯地，以追加編織（參照 P.58）進行編織。

6

1 圈 (2 段)

以追加編織完成 1 圈（2 段）。

7

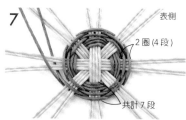

表側

2 圈 (4 段)

共計 7 段

以追加編織作必要段數，完成底部的編織。

8

裡側

0.5cm

將 7 翻至裡側，拉緊 4 添加的第 2 條編織繩
繩端，保留 0.5 cm，剪去多餘部分。

趣・手藝 112

紙藤帶好好玩！零基礎手編2～5cm迷你可愛小籃子
娃娃屋＆小布偶・人偶配件專用：放入袖珍麵包、蔬果、花草、
裁縫布物或盒玩小物一級棒！

作　　　者／nikomaki*
譯　　　者／彭小玲
發 行 人／詹慶和
執 行 編 輯／陳姿伶
編　　　輯／蔡毓玲・劉蕙寧・黃璟安
執 行 美 編／陳麗娜
美 術 編 輯／周盈汝・韓欣恬
出 版 者／Elegant-Boutique新手作
發 行 者／悅智文化事業有限公司　　郵政劃撥帳號／19452608
戶　　　名／悅智文化事業有限公司
地　　　址／220新北市板橋區板新路206號3樓
網　　　址／www.elegantbooks.com.tw
電 子 郵 件／elegant.books@msa.hinet.net
電　　　話／(02)8952-4078
傳　　　真／(02)8952-4084

2022年8月初版一刷　定價 300 元

Petit Boutique Series No.648
KAITEIBAN MINIATURE SIZE NO KAWAII TEAMI NO KAGO
© 2020 Boutique-sha, Inc.
All rights reserved.
Original Japanese edition published in Japan by BOUTIQUE-SHA.
Chinese (in complex character) translation rights arranged with BOUTIQUE-SHA
through Keio Cultural Enterprise Co., Ltd., New Taipei City, Taiwan.

經銷／易可數位行銷股份有限公司
地址／新北市新店區寶橋路235巷6弄3號5樓
電話／(02)8911-0825　傳真／(02)8911-0801

國家圖書館出版品預行編目(CIP)資料

紙藤帶好好玩!零基礎手編2~5cm迷你可愛小籃子 /
nikomaki*著；彭小玲譯. -- 初版. -- 新北市：Elegant-
Boutique新手作出版：悅智文化事業有限公司發行,
2022.08
　　面；　公分. -- (趣.手藝；112)
ISBN 978-957-9623-89-6(平裝)

1.CST: 編織 2.CST: 手工藝

426.4　　　　　　　　　　　　　　　　111011426

STAFF日本原書製作團隊
責任編輯……柳花香
校閱……三城洋子
書籍設計……牧陽子
袖珍麵包製作（P. 21）……Milky Moca's Kitchen　藤川久子